FORSCHUNGSBERICHTE DES LANDES NORDRHEIN-WESTFALEN

Nr. 1869

Herausgegeben im Auftrage des Ministerpräsidenten Heinz Kühn
von Staatssekretär Professor Dr. h. c. Dr. E. h. Leo Brandt

DK 535.379:547.636.7:
547.657:547.852.7

Prof. Dr. Karl-Dietrich Gundermann

Dr. Walter Horstmann

Dipl.-Chem. Günter Wellhausen

Dipl.-Chem. Dinesh Lathia

Organisch-Chemisches Institut der Universität Münster
und Organisch-Chemisches Institut der Techn. Hochschule Clausthal-Zellerfeld

Synthese und Chemilumineszenz-Eigenschaften von substituierten Naphthalindicarbonsäure-1.2- und Stilbendicarbonsäure-2.3-hydraziden

WESTDEUTSCHER VERLAG · KÖLN UND OPLADEN 1967

ISBN 978-3-663-03922-8   ISBN 978-3-663-05111-4 (eBook)
DOI 10.1007/978-3-663-05111-4

Verlags-Nr. 011869

Gesamtherstellung: Westdeutscher Verlag

Inhalt

I. Einleitung

Im Forschungsbericht Nr. 1691 war festgestellt worden [1], daß die Einführung einer Dialkylaminogruppe in die 3-Stellung des Phthalsäurehydrazidringes zu Verbindungen des Typs I zu nur sehr schwach chemilumineszierenden Verbindungen führt, weil hier

ein Fall von sterischer Resonanzhinderung vorliegt: die Dialkylaminogruppe kann sich nicht koplanar zum Benzolring einstellen wegen der o-ständigen Carbonylgruppe des Hydrazidringes bzw. der Carboxylgruppe. Daher leuchtet 3-Dimethylamino-phthalsäurehydrazid (I; R = CH_3) bei der wäßrig-alkalischen, häminkatalysierten Oxydation mit H_2O_2 etwa 2 Größenordnungen schwächer als die Stammverbindung, das 3-Amino-phthalsäurehydrazid (Luminol) (I, R = H).

Die Einführung einer Dialkylaminogruppe in die nicht sterisch behinderte 4-Stellung gemäß dem Typ II ergab dagegen sehr hohe Chemilumineszenzfähigkeit: 4-Diäthylamino-phthalhydrazid (II; R = C_2H_5) war bezüglich seiner Lichtausbeute bereits dem Luminol etwas überlegen.

Andererseits ist die 3-Stellung des Phthalhydrazidsystems sehr viel günstiger für die volle Auswirkung eines elektronenabgebenden und damit die Chemilumineszenz fördernden Substituenten, wie der Vergleich des 3-Amino- und des 4-Amino-phthalsäurehydrazids zeigt: letzteres leuchtet bei der Oxydation nur etwa $1/_{10}$ so stark wie das erstere.

Wie das Kalottenmodell zeigt, ist nun ein trans-3(β-Dialkylaminovinyl)-phthalsäurehydrazid vom Typ III nicht sterisch behindert: das Vinylogieprinzip läßt vermuten, daß

eine solche Verbindung bezüglich der elektronischen Substituenteneffekte mit einem 3-Dialkylamino-phthalhydrazid zu vergleichen ist.

Nun ist zu erwarten, daß die Synthese von Verbindungen des Typs III auf große Schwierigkeiten stoßen würde. Einmal handelt es sich hier um ein freies Enamin, das sicher sehr leicht in dem alkalischen Oxydationsmilieu der Chemilumineszenzreaktionen hydrolytischen Abbaureaktionen unterliegen würde. Zum andern besteht das folgende präparative Problem: baute man die Vinylaminogruppe zuerst in ein Phthalsäure-Derivat ein, etwa zum Ester IV, um diesen anschließend mit Hydrazin ins Hydrazid III umzusetzen, so war Substitution der Dialkylaminogruppe zu erwarten. Baute man dagegen erst den Hydrazidring auf und versuchte anschließend die Vinylaminogruppe einzuführen, so waren durch die geringe Löslichkeit des Phthalsäure-hydrazids in den gängigen Lösungsmitteln Schwierigkeiten zu erwarten.

Als Ausweg bot sich folgende weitere Überlegung an: wenn man die Vinylamino-Doppelbindung der Verbindungen vom Typ III formal in einen zweiten Benzolring zu V einbaute, so lag ein 7-Dialkylamino-naphthalindicarbonsäure-1,2-hydrazid vor:

Zweifellos hat die in der Formel V gekennzeichnete Doppelbindung nicht den vollen olefinischen Doppelbindungscharakter, sondern ist Bestandteil eines 10 π-Elektronensystems, wie es im Naphthalin und seinen Derivaten vorliegt.

Aber es ist aus zahlreichen Untersuchungen bekannt, daß das Naphthalin im reaktiven Zustand offenbar dazu neigt, den einen Sechsring mit einem vollen 6 π-Elektronen-System auszustatten, so daß der 2. Ring mehr den Charakter eines Diens erhält. Als Beispiel sei die leichte Hydrierbarkeit des Naphthalins auch unter polaren Bedingungen zum Tetralin genannt.

Bei Verbindungen vom Typ V war außerdem zu erwarten, daß der die elektronenanziehende Hydrazidgruppierung tragende Ring stärker aromatisiert sein würde als der die elektronenabgebende Dialkalyaminogruppe tragende.

Von diesen Überlegungen ausgehend wurden daher Untersuchungen über die Synthese von 7-Dialkylamino-naphthalindicarbonsäure-1,2-hydraziden in Angriff genommen.

Ergänzend zu dem eben Ausgeführten findet die Arbeitshypothese noch eine weitere Stütze in der schon von H.D.K. DREW und Mitarbeitern [2] gemachten Feststellung, daß das Hydrazid der Naphthalin-1,2-dicarbonsäure VI bei der Oxydation heller chemilumineszi ert als das der isomeren 2,3-dicarbonsäure VII.

Dies ist auf der Basis des eben erläuterten Vinylogieprinzips verständlich: das 2,3-Hydrazid VII entspricht quasi einem 4,5-Dialkylphthalhydrazid, dagegen das 1,2-Hydrazid VI einem 3,4-Dialkylphthalhydrazid. Wie schon früher ausgeführt ([1], S. 29), sollte aber die 3,4-Stellung günstiger als die 4,5-Stellung für elektronenabgebende Substituenten hinsichtlich der Wirkung auf die Chemilumineszenzfähigkeit sein.

II. 7-substituierte Naphthalindicarbonsäure-1.2-hydrazide

1. Diels-Alder-Synthesen zu 7-Alkoxy-3-methyl-naphthalindicarbonsäure-1,2-Derivaten; deren Chemilumineszenz

7-substituierte 1,2-Naphthalindicarbonsäuren sind im Prinzip durch eine Diels-Alder-Synthese aus p-substituierten Styrolderivaten und Maleinsäure-anhydrid nach einer hauptsächlich von V. BRUCKNER [3] untersuchten Reaktion zugänglich: als Beispiel sei die Reaktion zwischen Isosafrol VIII und Maleinsäure-anhydrid dargestellt:

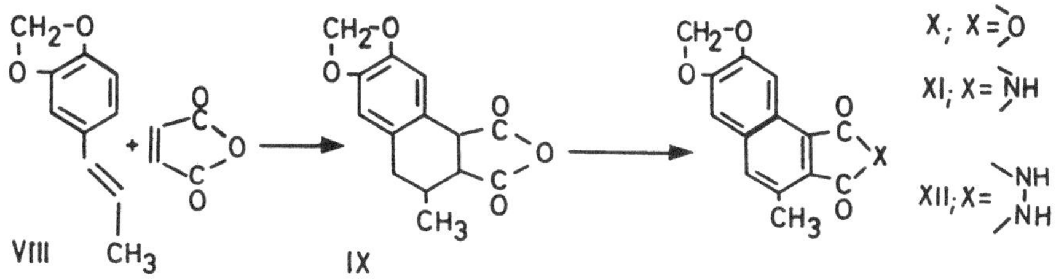

Durch anschließende Dehydrierung mit Palladium-Kohle bei 300°C kann das Tetrahydro-naphthalinderivat IX aromatisiert werden.

Das Anhydrid X ergab mit Harnstoff das Imid XI, welches schließlich mit Hydrazin das Hydrazid XII lieferte.

Analog konnte 3-Methyl-6,7-dimethoxy-naphthalin-1,2-dicarbonsäure-hydrazid XIII synthetisiert werden:

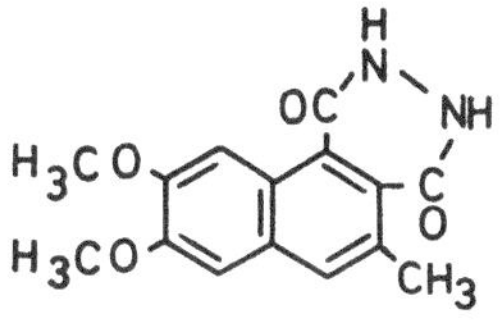

Beide Hydrazide ergeben bei der häminkatalysierten Oxydation mit H_2O_2 in wäßrigem Alkali eine blauviolette Chemilumineszenz – aber sie ist, verglichen mit der von Luminol, sehr schwach.

Tab. 1 Lichtausbeute und Maximalintensitäten von Luminol, (XII) und (XIII)

Hydrazid	Lichtausbeute (Fläche unter der Intensitäts-Zeit-Kurve) cm²	Maximalintensität (= mm Galvanometerausschlag)
6,7-Dimethoxy-(XIII)	19,8	25,0
6,7-Methylendioxy (XII)	11,0	8,5
Luminol	ca. 360*	ca. 300*

Konzentrationen der Hydrazide: $1 \cdot 10^{-3}$ Mol/l; Alkalikonzentration: 0,1 n-NaOH; Hämin: $8 \cdot 10^{-10}$ Mol/l; H_2O_2-Konzentration: $1,77 \cdot 10^{-2}$ Mol/l

* Luminol wurde bei $^1/_{10}$ der Galvanometerempfindlichkeit gemessen, bei der die beiden Naphthalinderivate vermessen wurden; der dabei beobachtete Galvanometerausschlag war daher beim Luminol etwa mit dem Faktor 10 zu multiplizieren.

Wie weiter unten gezeigt wird, liefert bereits das 7-Methoxy-naphthalindicarbonsäure-1,2-hydrazid XXIX (vgl. Tab. 4, S. 19) eine weitaus größere Chemilumineszenz als die

beiden oben beschriebenen Verbindungen XII und XIII, obwohl dort nur ein elektronen-spendender Substituent am Naphthalinkern sitzt. Als Grund für diese bemerkenswerte Tatsache ist sterische Resonanzhinderung bei den 3-Methyl-naphthalindicarbonsäure-1,2-Derivaten anzusehen: die Methylgruppe in der 3-Stellung führt zu starker sterischer Behinderung der 2-ständigen Carboxylfunktion. Eine nähere Untersuchung, in welcher Weise sich dieser »o-Methylgruppen-Effekt« eigentlich auf die Chemilumineszenz-Reaktion auswirkt, steht noch aus. Schon DREW und GARWOOD [2] hatten in ihrer Untersuchung über die Substituenteneinflüsse auf die Chemilumineszenz des Phthalhy-drazid-Systems die Beobachtung mitgeteilt, daß 3-Methyl-phthalhydrazid XIV schwächer leuchtete als Phthalhydrazid selbst.
Leider ist diese Beobachtung ohne Wert deshalb, weil reines Phthalhydrazid nicht im Sichtbaren chemiluminsziert [4]. Das bisher von einigen Autoren beobachtete Leuchten von Phthalhydrazid bei der häminkatalysierten alkalischen Oxydation ist ganz offen-sichtlich auf im Sichtbaren fluoreszierende Verunreinigungen zurückzuführen [4].
Immerhin ist interessant, daß das von uns dargestellte 3-Diäthylaminomethyl-phthal-hydrazid XV keine Spur von Chemilumineszenz im Sichtbaren zeigte.

Die auf S. 7 geschilderte Dien-Synthese von 7-substituierten Naphthalin-1,2-dicarbon-säuren kann bisher nur zu 3-methylsubstituierten Verbindungen vom Typ XIII ange-wandt werden, weil als Styrol-Derivat – der Dien-Komponente – ω-Methylstyrole ver-wandt werden mußten: Styrole ohne die endständige Methylgruppe neigen zu stark zur Polymerisation, als daß man definierte Diels-Alder-Addukte mit Maleinsäure-anhy-drid erhalten könnte. Dieser Weg ist also nicht zur Synthese der gewünschten Produkte geeignet.
Die Ergebnisse in Tab. 1 sind insofern für die Beurteilung von Substituentenwirkungen auf die Chemilumineszenz von Interesse, als sie zeigen: zwei o-ständige Methoxy-Gruppen geben deutlich stärker leuchtende Produkte als eine Methylendioxy-Gruppe. Dies entspricht auch dem zu erwartenden Elektronen-spendenden Effekt dieser beiden Gruppierungen. Voll auswirken kann sich der -E-Effekt von zwei o-ständigen Methoxy-Gruppen nur, wenn diese beiden Gruppen koplanar mit dem aromatischen System angeordnet sind; das ist nur in der folgenden Anordnung möglich:

Es liegen also ähnliche Rotationsbeschränkungen vor wie schon beim 3-Methylamino-
phthalhydrazid ausgeführt ([1], S. 32).
Allerdings ist dieses Phänomen recht komplex und hängt auch stark vom Lösungsmittel
ab: E. H. White und Mitarbeiter konnten dies im Falle der Verbindungen XVI und
XVII zeigen, bei denen zwei und sogar drei o-ständige Methoxygruppen in das Luminol-
molekül eingebaut sind [5]:

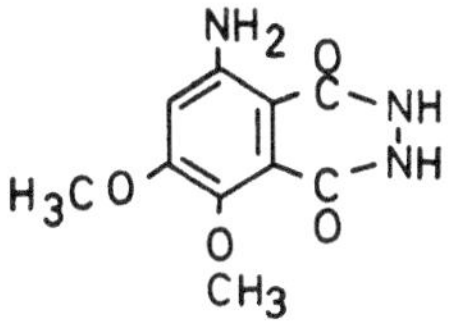

XVI und XVII zeigen in wäßrigem Milieu nur recht mäßige Chemilumineszenz, weit
unter der des Luminols. Dagegen übertreffen beide Substanzen das Luminol in Dimethylsulfoxyd als Lösungsmittel [5].

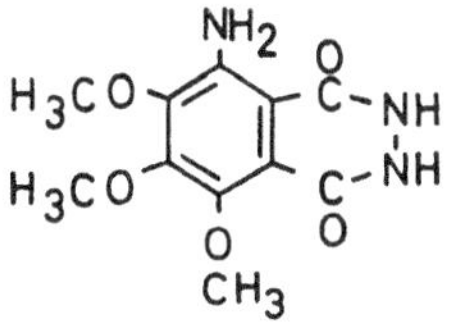

2. Syntheseversuche mit 1,8-Naphthalin-dicarbonsäure-anhydrid als Ausgangsmaterial

Auch in der heutigen hochentwickelten organischen Chemie ist es noch schwierig, aro-
matische Verbindungen mit mehreren funktionellen Gruppen an ganz bestimmten Stellen
des Moleküls gezielt zu synthetisieren. Dies zeigte sich bei dem Versuch, die gewünschten
7-substituierten Naphthalin-1,2-dicarbonsäure-Derivate mit Naphthalin-1,8-dicarbon-
säure als Ausgangsmaterial herzustellen. Geplant war folgender Weg:

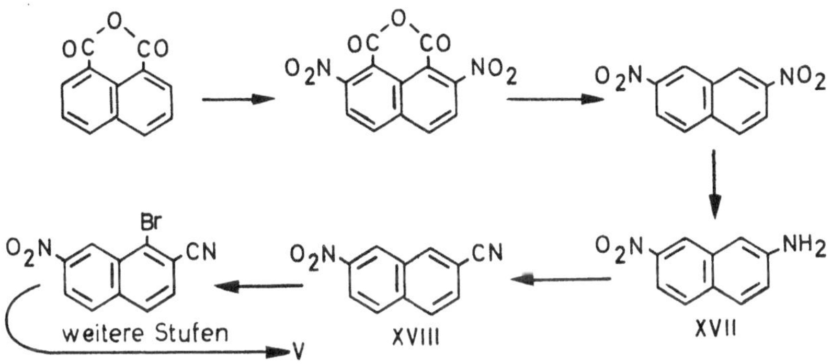

Die bekannte Nitrierung des Naphthalsäure-anhydrids führt zu 2,7-Dinitro-naphthal-
säure-anhydrid; dieses kann ebenfalls nach bekannten Methoden doppelt decarboxyliert
werden zu 2,7-Dinitronaphthalin, welches durch partielle Reduktion in 2-Amino-7-
nitronaphthalin XVII zu überführen ist. Diese Verbindung kann jedoch, wegen der
relativ mäßigen Ausbeuten vor allem bei der Decarboxylierungsreaktion, nur schwer in
größeren Mengen dargestellt werden. Es sollte dann weiter durch eine Sandmeyer-
Reaktion aus 2-Amino-7-nitro-naphthalin XVII das 2-Cyano-7-nitro-naphthalin und
hieraus 1-Brom-2-carboxy-7-nitro-naphthalin gewonnen werden, aus dem schließlich die
7-Nitro-1,2-naphthalindicarbonsäure hätte synthetisiert werden können. Aber bereits
die Darstellung des 2-Cyano-Derivates XVIII stieß auf so große experimentelle Schwierigkeiten, daß dieser Weg fallengelassen wurde.

3. 7-Dialkylamino-naphthalindicarbonsäure-1,2-hydrazide aus 7-Methoxy-naphthalindicarbonsäure-1,2-anhydrid
(Weiterführung der Fieser-Hershberg-Synthese)

Offenbar hatten auch andere Autoren die Schwierigkeit der Darstellung so spezifisch trisubstituierter Naphthalinderivate erfahren und daher im Prinzip Synthesewege gesucht, bei denen der Naphthalinkern selbst synthetisiert wurde.

Ein solcher Weg ist die von FIESER und HERSHBERG 1936 [6] veröffentlichte Synthese von 7-Methoxy-naphthalindicarbonsäure-1,2-anhydrid XIX, die über folgende Stufen verläuft:

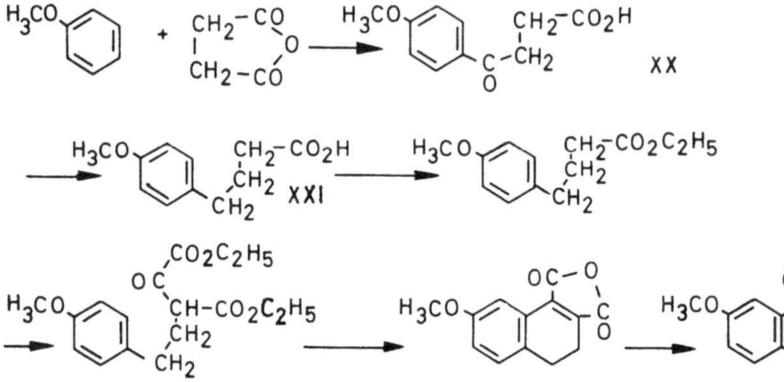

Diese Synthese ist zwar mühevoll, liefert aber brauchbare Endausbeuten. Der Weg von der β-(4-Methoxybenzoyl)-propionsäure XX zur γ-(4-Methoxyphenyl)-buttersäure XXI, der bei FIESER und HERSHBERG durch Clemmensen-Reduktion durchgeführt wird, konnte durch Anwendung der Huang-Minlon-Reaktion merklich verbessert werden [7].

Als weitere Reaktionsschritte von XIX zum 7-Dimethylamino-naphthalindicarbonsäure-1,2-hydrazid XXII wurden die folgenden durchgeführt [8]:

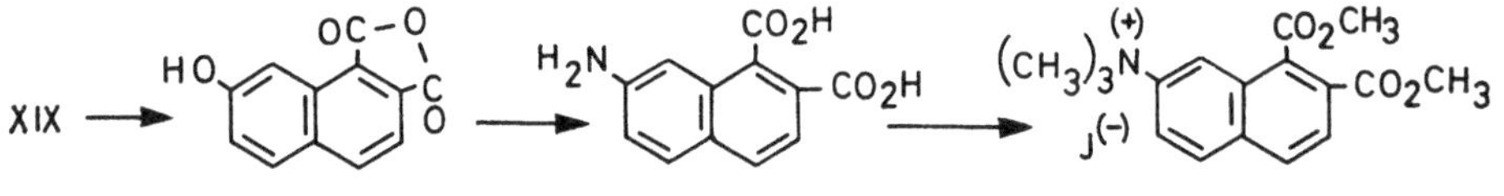

Die Abspaltung der Methylgruppe aus XIX gelang sehr glatt mit Bromwasserstoff-Eisessig (75–80% Ausbeute).

Mittels einer Bucherer-Reaktion wurde die 7-Hydroxy-Verbindung XXIII in die 7-Amino-naphthalin-dicarbonsäure XXIV überführt. Dies erforderte vor allem Reaktionsbedingungen, bei denen eine Umkehrung der Bucherer-Reaktion – die ja eine Gleichgewichtsreaktion ist – möglichst ausblieb. Die so erhaltene 7-Amino-naphthalin-1,2-dicarbonsäure XXIV wurde verestert und anschließend mit Methyljodid unter Druck behandelt. Es zeigte sich, daß die Methylierung hier bis zum quartären Ammoniumsalz XXV lief, das recht gut kristallisierte und daher durch einfaches Umkristallisieren leicht zu reinigen war. Dies ist deshalb nicht ohne Bedeutung, weil bei der Methylierungsreaktion auch Monomethyl-Derivat neben nicht umgesetztem Ausgangsmaterial zu erwarten ist – diese sind nur durch Säulenchromatographie quantitativ abzutrennen.

Der letzte Schritt war die Überführung ins Hydrazid: dabei erfolgte gleichzeitig eine Art Hofmannscher Abbau der quartären Ammoniumverbindung XXV, so daß bei der Einwirkung von Hydrazinhydrat auf XXV sogleich die gewünschte Verbindung XXII erhalten wurde:

XXV $\xrightarrow{\text{NH}_2\text{ NH}_2}$ [Struktur: 7-substituiertes Naphthalindicarbonsäure-1,2-hydrazid]   XXII R = $-N(CH_3)_2$

Etwas schwieriger war die Umsetzung von 7-Amino-naphthalindicarbonsäure-1,2-dimethylester mit Äthyljodid, *n*-Propylbromid und 1,4-Dibrombutan zu den entsprechenden 7-Dialkylamino-Derivaten. Hier war die chromatographische Abtrennung von nicht umgesetztem Ausgangsmaterial und monoalkylierten Produkten notwendig. Auf diese Weise wurden die 7-Dialkylamino-naphtalindicarbonsäure-hydrazide XXVI, XXVII und XXVIII hergestellt. Sie sind intensiv gelb gefärbt und fluoreszieren in

[Struktur]

XXVI   R = $(C_2H_5)_2N-$

XXVII   R = $(n-C_3H_7)_2N-$

XXVIII   R = [Piperidino] $N-$

neutraler, aber auch in natron-alkalischer Lösung stark gelbgrün. Auch von den Zwischenprodukten XIX, XXIII und XXIV (S. 10) wurden die entsprechenden Hydrazide dargestellt, nämlich das 7-Methoxy-(XXIX), das 7-Hydroxy-(XXX) und das 7-Amino-naphthalindicarbonsäure-1,2-hydrazid (XXXI).

4. Chemilumineszenzuntersuchungen an 7-substituierten Naphthalin-dicarbonsäure-1,2-hydraziden

Alle Hydrazide chemilumineszieren bei der hämin-katalysierten Oxydation in wäßrig-alkalischer H_2O_2-Lösung sehr stark (Tab. 2).

Tab. 2 Chemilumineszenz und Fluoreszenz von 7-substituierten Naphthalindicarbonsäure-1,2-hydraziden [8]

[Struktur: R-substituiertes Naphthalindicarbonsäure-1,2-hydrazid]

R		Fluoreszenz (nm)		Chemilumineszenz (nm)
$N(CH_3)_2$(XXII)	A[1]	529		514
	B[2]	515		
$N(C_2H_5)_2$(XXVI)	A	529		
	B	516		514–518
	C[3]	514		
NH_2(XXXI)	A	513		483
	B	485		
OH(XXX)	A	537		512
	B	513		
OCH_3(XXIX)	A	527		
	B	521	417[4]	415–420
	C	521	417[4]	

[1] A = Lösung des Hydrazids (1 · 10^{-3} Mol/l in 0,2 *n* NaOH)
[2] B = Lösung wie bei A nach Abklingen der durch Zusatz von H_2O_2 und Hämin bewirkten Chemilumineszenz
[3] C = Dinatriumsalz der dem Hydrazid entsprechenden 7substituierten Naphthalin-dicarbonsäure-(1,2) (1 · 10^{-3} Mol/l in 0,2 *n* NaOH)
[4] Schwaches Nebenmaximum

In Tab. 2 sind auch die Fluoreszenzmaxima der dargestellten Hydrazide in wäßrig-alkalischer Lösung enthalten. Wie man sieht, stimmen diese nicht mit dem jeweiligen Chemilumineszenzmaximum überein. Dies ist ein Hinweis darauf, daß ganz entsprechend den Befunden von E. H. WHITE und M. M. BURSEY [9] beim Luminol nicht das Hydrazid selbst leuchtet, sondern ein aus diesem entstehendes Reaktionsprodukt: als solches muß das entsprechende Naphthalindicarbonsäure-dianion angesehen werden.

a) Meßapparatur

Die quantitative Bestimmung der Chemilumineszenz-Emission konnte nicht mit der in ([1], S. 31) beschriebenen Versuchsanordnung durchgeführt werden, denn die meisten der dargestellten Naphthalinderivate ergaben eine Chemilumineszenz bei längeren Wellenlängen als das Luminol, welches als Vergleichssubstanz herangezogen wurde. Damit aber lag ein anderer – höherer – Empfindlichkeitsbereich der in jener Apparatur verwandten Selensperrschicht-Photozelle vor. Es wurde daher für die Vergleichs-messungen eine von G. BERGMANN [8] konstruierte Anordnung benutzt, die im folgenden Blockschema dargestellt ist:

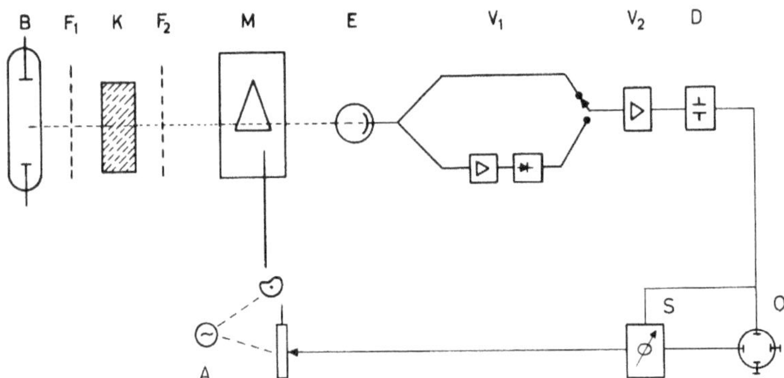

Abb. 1   Schematische Darstellung der Apparatur zur Messung der Chemilumineszenz

F_1 = Primärfilter (UG 1; 6 mm, SCHOTT & Gen.)
K = Küvette (10 mm)
F_2 = Sekundärfilter (FG 10; 6 mm, SCHOTT & Gen.)
M = Monochromator (M 4 G, ZEISS)
E = Sekundärelektronenvervielfacher (1 P 21, RCA)
V_1 = Wechselspannungsverstärker
V_2 = Gleichspannungsverstärker
D = Dämpfungsglieder
S = XY-Schreiber (Pace 1100 E)
O = Oszilloskop (561 A, Tektronix)
A = Wellenlängenantrieb mit Vorgelege und Geberpotentiometer

Die Apparatur wurde aus einer zunächst für die Messung schwacher Fluoreszenzintensi-täten [10] entwickelten Versuchsanordnung konstruiert. Die chemilumineszierende Probe befindet sich in einer Küvette K und wird gegebenenfalls – zur Bestimmung des Fluoreszenzspektrums – mit einer Wechselspannungs-Quecksilberdampflampe B über entsprechende Filter F_1 beleuchtet. Gleichlicht-(Chemilumineszenz)- und Wechsellicht-(Fluoreszenz-)Signal werden im Monochromator M spektral zerlegt und vom Sekundär-

12

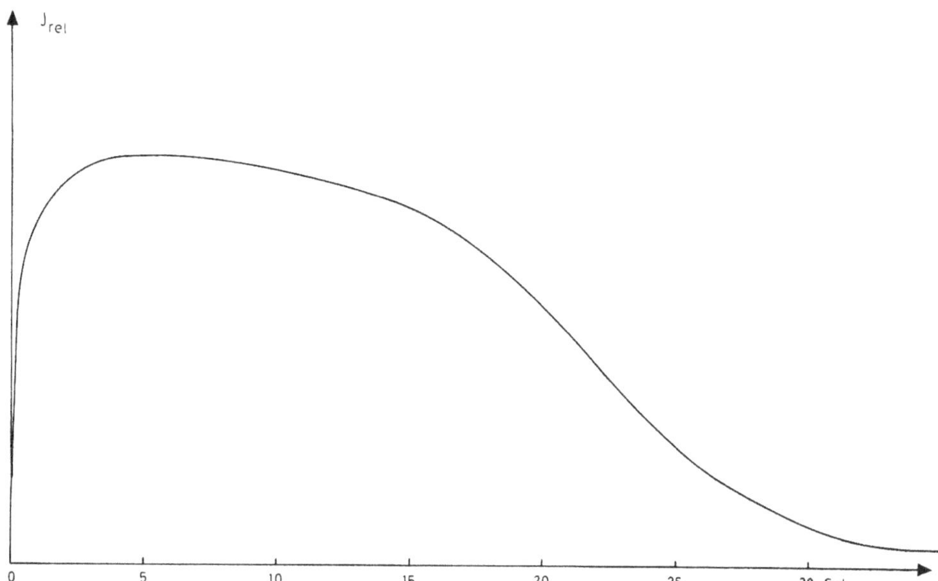

Abb. 2   Intensitäts-Zeitkurve (Abklingkurve) der Chemilumineszenz von 7-Diäthylamino-
naphthalin-dicarbonsäure-(1,2)-hydrazid
Wellenlänge: 529 mm; spektrale Spaltbreite: 0,6 mm; Lösung in 0,06 n NaOH;
H_2O_2- und Häminkonzentration wie in Tab. 2

elektronen-Vervielfacher E gemessen. Die Beobachtung der Fluoreszenzspektren erfolgt
»im geraden Durchgang«. Der Monochromator M wird durch einen Synchronmotor A
über eine Kurvenscheibe mit Schubstange angetrieben. Über ein Vorgelege können Um-
drehungszahlen zwischen 1,33 U/sec und 4,8 U/h eingestellt werden. Damit kann der
spektrale Arbeitsbereich (etwa 100 nm) schnellstens in 0,5 sec durchfahren werden. Ein-
schließlich Rücklauf beträgt die Dauer eines Meßzyklus dann 0,75 sec. Das aus der Küvette emittierte Lichtsignal wird – für die Fluoreszenzspektren nach Vorverstärkung im
Wechselspannungsverstärker V_1 – durch den mit Rechenverstärkern bestückten Gleichspannungsverstärker V_2 verstärkt und – nach Filterung in den RC-Gliedern D – auf
dem Oszilloskop O oder dem XY Schreiber registriert. Eine entsprechende Horizontal-
ablenkspannung wird an einem mit der Kurvenscheibe synchron laufenden Potentio-
meter abgegriffen. Die Schwächung des Gleichlichtanteils bei der Messung von Fluoreszenzspektren ist besser als 10^4.
Die Intensitäts-Zeitkurven für die Chemilumineszenzreaktionen bei fester Wellenlänge
kann nach Entkuppeln des Wellenlängenantriebs untersucht werden (vgl. Abb. 2).
Die erforderliche Berücksichtigung der spektralen Empfindlichkeitsverteilung der Meß-
einrichtung ist auf Grund einer Absoluteichung mit einer Wolfram-Bandlampe vorgenommen worden.
Mit dieser Apparatur war es nicht nur möglich, eine Berücksichtigung der verschiedenen
spektralen Empfindlichkeitsbereiche der Meßzelle bei Chemilumineszenzemissionen vorzunehmen, sondern es gelang, wegen der sehr schnell erfolgenden Aufzeichnung Chemilumineszenzspektren der neu dargestellten Verbindungen aufzunehmen. Auf diese Weise
sind die Werte in der Tab. 2 erhalten worden.
Wie aus der Beschreibung der Apparatur hervorgeht, war es auch möglich, mit ihr
Fluoreszenzmessungen vorzunehmen, vor allem aber die Änderung der Fluoreszenzemission der Hydrazide während der Chemilumineszenzreaktion zu verfolgen.

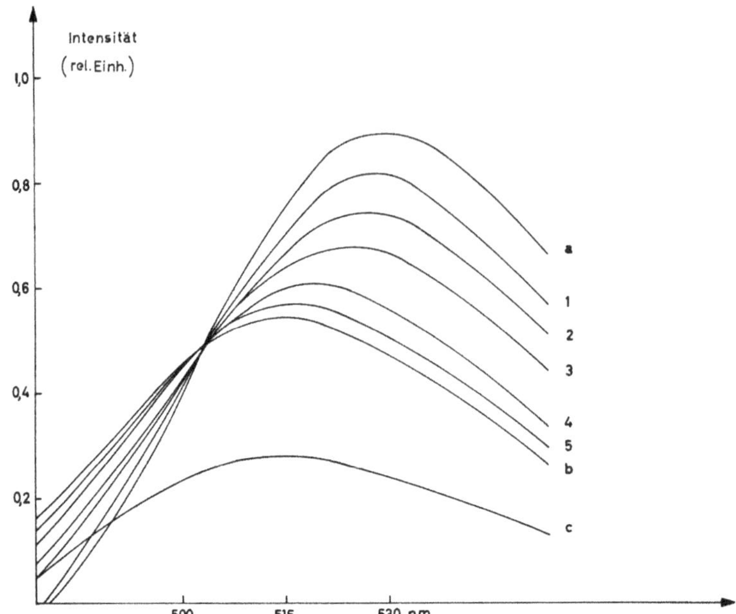

Abb. 3   Fluoreszenz- und Chemilumineszenzspektren von 7-Dimethylamino-naphthalindicar-
bonsäure-(1,2)-hydrazid XXII

a) Fluoreszenz der Ausgangslösung (0,2 *n* NaOH) 1–5: Fluoreszenz während der Chemilumineszenzreaktion 6, 12, 18, 30, 42 sec nach der Zugabe des Oxydationsmittels
b) Fluoreszenz der Reaktionslösung nach Abklingen der Chemilumineszenz
c) Chemilumineszenzspektrum (willkürlicher Maßstab)

Man erhält dabei Kurvenscharen wie in Abb. 3 dargestellt: die alkalische Lösung des 7-Dimethylamino-naphthalindicarbonsäure-1,2-hydrazids fluoresziert z. B. bei 529 nm. Dagegen ist das Maximum der Chemilumineszenz der gleichen Verbindung bei 515 nm. Verfolgt man nun die Fluoreszenz der alkalischen Lösung nach Zugabe von Hämin/ H_2O_2 – nachdem also die Chemilumineszenz eingeleitet wurde, so zeigt sich, daß das Maximum der Fluoreszenzemission immer mehr zu dem der Chemilumineszenz-Emission hinwandert, bis schließlich – nach völligem Abklingen der Chemilumineszenz – die Fluoreszenz der Lösung die gleiche Wellenlänge des Maximums aufweist wie die Chemilumineszenz.

Dieser Befund spricht dafür, daß eben nicht das Hydrazid selbst leuchtet, sondern ein aus diesem während der Chemilumineszenzreaktion gebildetes Produkt, das – wie der isosbestische Punkt der Kurvenschar in Abb. 3 zeigt – in einem stöchiometrischen Umsatz gebildet wird.

Schon aus Gründen der Analogie mit der Luminol-Chemilumineszenz war es zu erwarten, daß dieses Reaktionsprodukt das entsprechende 7-substituierte Naphthalin-1,2-dicarbonsäure-dianion war. Diese Vermutung wurde bestärkt durch die Tatsache, daß 7-Methoxy-naphthalindicarbonsäure (1,2) in alkalischer Lösung tatsächlich die gleiche Wellenlänge des Fluoreszenzmaximums aufweist wie das Maximum der Chemilumineszenz des entsprechenden Hydrazids. Versuche, 7-Dimethylamino-naphthalin-1,2-dicarbonsäure aus dem entsprechenden Ester darzustellen (der bei der Synthese des Hydrazids XXII als Zwischenstufe durchlaufen wird), führten nicht zur reinen Dicarbonsäure, die anscheinend nicht besonders stabil ist.

14

Wie bereits in [1] bezüglich der 4-Dialkylamino-phthalsäurehydrazide ausgeführt, wirkt sich besonders der pH der Reaktionslösungen stark auf die Chemilumineszenzemission solcher cyclischer Hydrazide aus. Bei den im vorliegenden Bericht beschriebenen Naphthalinderivaten trat als weiterer Faktor von großem Einfluß die Konzentration des Hydrazids auf.

Alle dargestellten Verbindungen sind intensiv gelb gefärbt und ebenso ihre alkalische Lösung. Es ist daher nicht verwunderlich, daß die Lichtemission nur in relativ niedrigen Konzentrationsbereichen linear mit der Konzentration des Hydrazids anstieg und daß schon bei relativ niedrigen Konzentrationen – etwas über $1 \cdot 10^{-3}$ Mol/l – starke Konzentrations-Selbstlöschung auftrat. Dies zeigt Abb. 4:

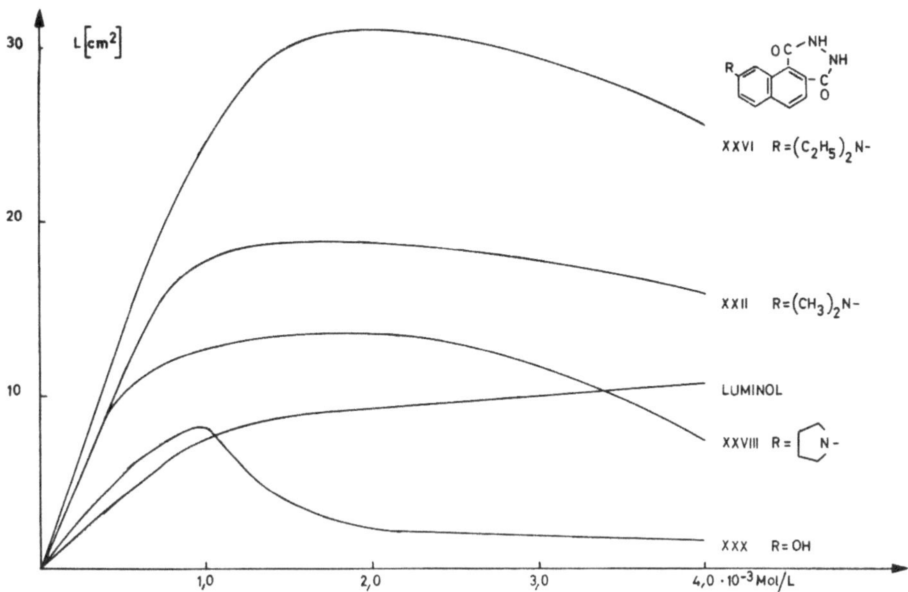

Abb. 4   Einfluß der Hydrazidkonzentration auf die Gesamt-Lichtmenge der Chemilumineszenz von Luminol, XXII, XXVI, XXVIII, XXX
(Alkalikonzentration: 0,03 N NaOH; H_2O_2- und Häminkonzentration: vgl. Abb. 5)

Die in die Abb. 4 eingezeichnete Kurve für Luminol zeigt, daß bei diesem die Konzentrations-Selbstlöschung sich weitaus weniger bemerkbar macht und daß erst bei über $4 \cdot 10^{-3}$ molarer Konzentration eine Abnahme der Lichtemission stattfindet.

Die Ermittlung des Einflusses der übrigen Reaktionspartner: Alkalikonzentration, H_2O_2 und Hämin wurde daher durchweg bei konstanter Hydrazidkonzentration – $1,0 \cdot 10^{-3}$ Mol/l – durchgeführt, also in einem Bereich, bei dem noch keine Konzentrationslöschung auftrat.

Hier zeigte sich eine ähnliche relative Unempfindlichkeit der Chemilumineszenz gegenüber höheren Alkalikonzentrationen, wie dies bereits bei den 4-Dialkylamino-phthalhydraziden beobachtet wurde:

während Luminol eine ziemlich ausgeprägte maximale Lichtemission bei einer Alkalinität von 0,03 n aufweist – vgl. die Kurve A in Abb. 5 – leuchten die Dialkylamino-naphthalinderivate auch bei 1,0 n Alkali noch fast ebenso stark wie bei etwa 0,1 n Alkali – wo sie ihre maximale Empfindlichkeit erreichen.

15

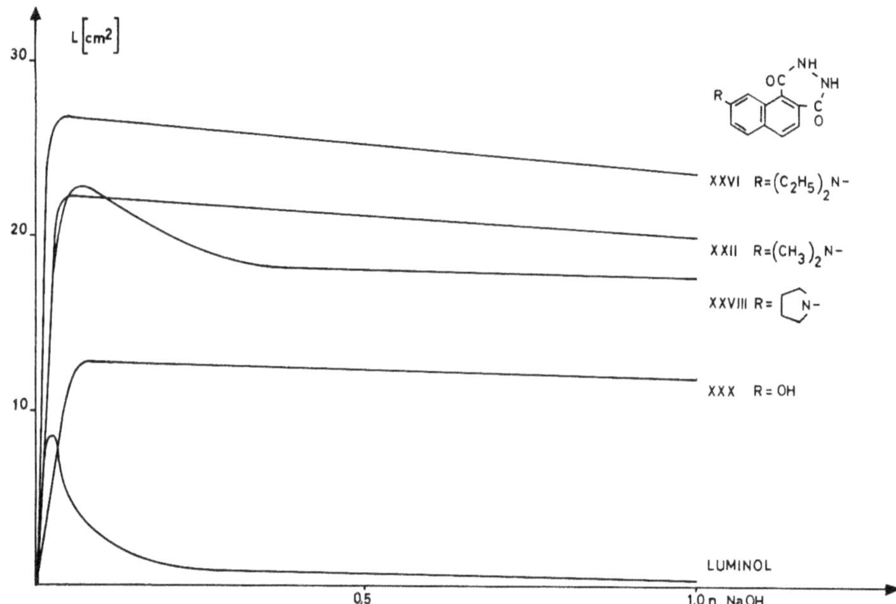

Abb. 5 Einfluß der Alkalikonzentration auf die Chemilumineszenz von 7-substituierten Naphthalin-1,2-dicarbonsäure-hydraziden (Konzentrationen: Hämin: $0,8 \cdot 10^{-6}$ Mol/l, H_2O_2: $1,77 \cdot 10^{-2}$ Mol/l)

Es wurden Versuche unternommen, die Fluoreszenz der reinen 7-Dialkylamino-naphthalin-1,2-dicarbonsäuren in alkalischer Lösung quantitativ zu bestimmen. Denn wie auf S. 14 erwähnt, sind sehr wahrscheinlich die Anionen dieser Säuren die eigentliche emittierende Spezies, und daher ist zu vermuten, daß die größere Alkaliunempfindlichkeit der Chemilumineszenz ihrer Hydride einfach damit zusammenhängt, daß die Fluoreszenz der entsprechenden Dianionen weniger stark vom Alkali beeinflußt wird als bei der 3-Amino-phthalsäure. Bei dieser hatte SELIGER [11] festgestellt, daß mit zunehmendem pH eine starke Abnahme der Fluoreszenzquantenausbeute zu verzeichnen ist.

Die apparativen Vorrichtungen erlaubten jedoch bisher eine absolute Quantenausbeutebestimmung nicht.

Bemerkenswert ist, daß auch 7-Hydroxy-naphthalin-1,2-dicarbonsäure-hydrazid die gleiche Abhängigkeit der Chemilumineszenz-Lichtausbeute von der Alkalikonzentration aufweist wie die 7-Dialkylamino-Derivate.

Keine nennenswerten Abweichungen vom Luminol zeigten die untersuchten Naphthalin-Derivate bezüglich des Einflusses von Hämin- und Wasserstoff-peroxydkonzentration auf die Lichtausbeute, wie die Abb. 6 und 7 zeigen: der Gang ist bei Luminol und den Naphthalinderivaten gleich: bis zu etwa $1–2 \cdot 10^{-6}$ Mol/l Hämin wird ein recht steiles Maximum der Lichtausbeuten erreicht, das bei höheren Häminkonzentrationen langsam abfällt: dies ist wahrscheinlich darauf zurückzuführen, daß Hämin selbst absorbiert. Es konnte festgestellt werden, daß hohe Häminkonzentrationen ausgesprochen fluoreszenzlöschend wirken.

Auch bezüglich des Einflusses der H_2O_2-Konzentration liegen die Verhältnisse ähnlich. Maxima der Lichtemission treten bei ca. $1–2 \cdot 10^{-2}$ Mol/l H_2O_2 auf, danach nimmt die Lichtausbeute wieder ab.

16

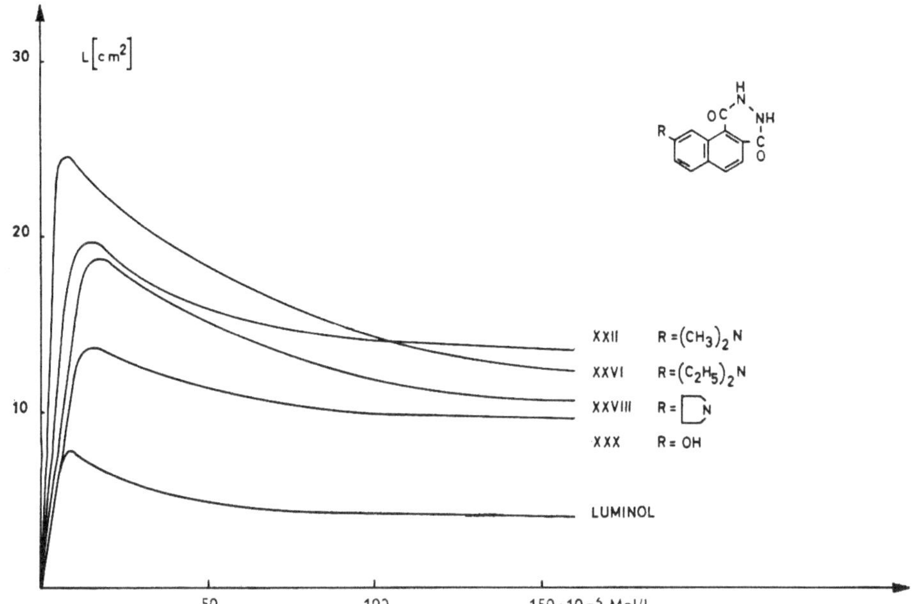

Abb. 6   Einfluß der Häminkonzentration auf die Chemilumineszenz von Luminol und XXII–XXX
(Hydrazidkonzentration: $1 \cdot 10^{-3}$ Mol/l; NaOH: 0,03 N; H_2O_2: $1,77 \cdot 10^{-2}$ Mol/l)

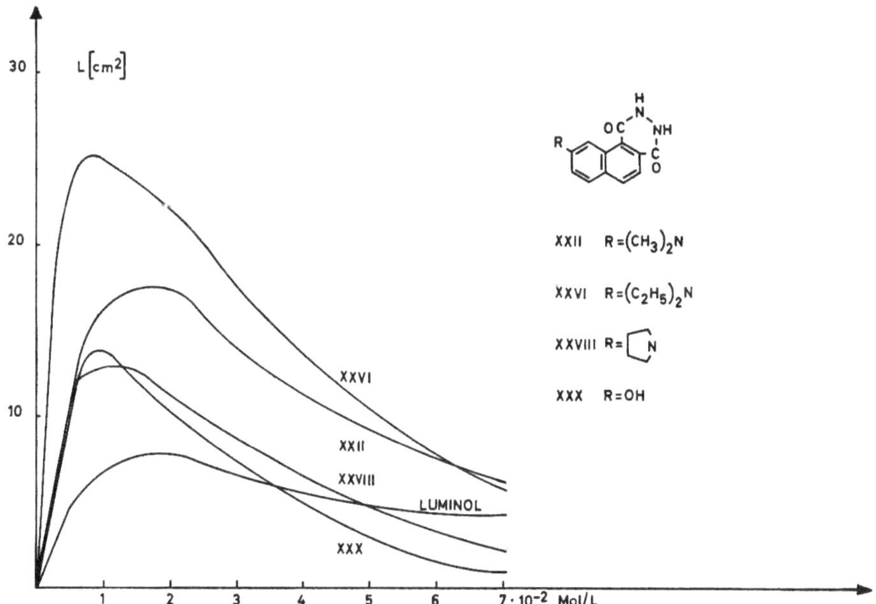

Abb. 7   Einfluß der H_2O_2-Konzentration auf die Chemilumineszenz von Luminol
und von XXII–XXX
(Hydrazidkonzentration: $1 \cdot 10^{-3}$ Mol/l; NaOH: 0,03 N; Hämin: $0,8 \cdot 10^{-6}$ Mol/l)

Es ist in diesem Zusammenhang interessant, daß sich die genannten Milieufaktoren: Eigenkonzentration des Hydrazids, Alkalinität, Hämin- und H_2O_2-Konzentration – nicht in gleicher Weise bzw. analoger Weise auf die maximale Intensität der jeweiligen Chemilumineszenzreaktion auswirken. Im Idealfalle müßte jede einzelne Chemilumineszenzreaktion eine Intensitäts-Zeitkurve ergeben, die einem Zeitgesetz 1. Ordnung entspricht: da Alkali und Oxydationsmittel (Hämin ist ohnehin nur Katalysator) in relativ großem Überschuß im Reaktionsgemisch anwesend sind, so sollten die Reaktionen bezüglich ihrer Geschwindigkeit nur noch von der Hydrazid-Konzentration abhängen – und zwar von der einfachen Konzentration des Hydrazids, nicht von deren Quadrat. Dies ist durch eine große Zahl neuerer Arbeiten erhärtet (vgl. z. B. M. M. Rauhut und Mitarbeiter [4].

Da im Rahmen der hier berichteten Untersuchungen Studien des Reaktionsmechanismus der Chemilumineszenz nicht beabsichtigt waren, wurde nur in einem Falle – nämlich bei der Chemilumineszenz des 7-Hydroxy-naphthalin-1,2-dicarbonsäurehydrazids – eine kinetische Auswertung der Intensitäts-Zeitkurven vorgenommen. Wie aus der Tab. 3 hervorgeht, ergab sich recht gut eine Geschwindigkeitskonstante 1. Ordnung von $4,73\ \mathrm{min}^{-1}$.

Tab. 3 Geschwindigkeitskonstante 1. Ordnung bei der Chemilumineszenz von 7-Hydroxy-naphthalin-1,2-dicarbonsäure-hydrazid

t (min)	G (Galvanometerausschlag)	k (min^{-1})
0,0	117,0 (= G_0)	–
0,072	83,5	4,68
0,144	59,0	4,75
0,216	41,5	4,80
0,288	30,0	4,73
0,360	21,0	4,77
0,432	15,0	4,75
0,504	11,0	4,69
0,576	8,0	4,66

Konzentrationen: NaOH: 0,03 n; Hämin: $0,8 \cdot 10^{-6}$ Mol/l;
$H_2O_2 = 1,77 \cdot 10^{-2}$ Mol/l;
Hydrazid: $0,5 \cdot 10^{-3}$ Mol/l

Im großen und ganzen kann man somit erwarten: ist die Anfangsintensität groß, so wird dafür die Abklingdauer geringer – und umgekehrt. Das ist auch weitgehend der Fall – aber nicht hinsichtlich des Einflusses des Wasserstoffperoxyds: nur beim Luminol ergibt zunehmende H_2O_2-Konzentration immer größere Anfangsintensitäten bei abnehmender Gesamt-Lichtmenge. Bei den Naphthalinderivaten dagegen bleibt die Maximalintensität von etwa $2 \cdot 10^{-2}$ Mol/l H_2O_2 an nahezu unverändert – nur bei der 7-Hydroxy-Verbindung fällt sie nach dieser Konzentration wieder ab.

Es ist zur Zeit nicht möglich, für dieses Phänomen eine fundierte Erklärung zu geben. Faßt man die eben dargelegten Milieueinflüsse zusammen, so kann man sagen: um einen brauchbaren Vergleich der Chemilumineszenzfähigkeit der neu dargestellten Naphthalinderivate mit der des Luminols experimentell durchführen zu können, müssen folgende Voraussetzungen gegeben sein:

1. Die Hydrazidkonzentrationen müssen im »linearen« Bereich liegen, d. h. bei etwa $1 \cdot 10^{-3}$ Mol/l, wo weder beim Luminol noch bei den Naphthalinderivaten schon merkliche Selbstabsorption des emittierten Lichtes auftritt.

2. Die Alkalikonzentration muß gemäß Abb. 5 so gewählt werden, daß das Optimum der Emission erzielt wird – beim Luminol also 0,03 *n* NaOH, dagegen bei den Naphthalinderivaten etwa 0,1 *n* NaOH.

3. Die Hämin- und die H_2O_2-Konzentrationen können bei den beiden Verbindungstypen gleich sein – wobei die Optimalkonzentrationen gemäß den Abb. 6 und 7 zu wählen sind.

Daß es in der Tat sinnvoll ist, an Stelle der sehr komplizierten absoluten Messungen von Quantenausbauten Vergleichsmessungen mit Luminol als Standard – und zwar in dem System Luminol/wäßr. Alkali/Hämin – vorzunehmen, ist durch Untersuchungen von SELIGER [12] sehr gründlich bestätigt worden.

Unter den eben genannten Voraussetzungen und der Berücksichtigung der spektralen Empfindlichkeit der verwandten Meßzelle ist folgende Reihenfolge der Chemilumineszenzfähigkeit der neuen Naphthalinderivate festzustellen (Tab. 4):

Tab. 4 Relative Gesamt-Lichtemission von 7-substituierten Naphthalin-dicarbonsäure-1,2-hydraziden und von 8-Dimethylamino-naphthalin-2,3-dicarbonsäure-hydrazid

	R *	Lösungsmittel	λ (nm)	Relative Emission (Luminol = 1)
XXII	$N(CH_3)_2$	0,06 *n* NaOH	515	2,28
XXVI	$N(C_2H_5)_2$	0,06 *n* NaOH	515	2,54
XXVII	$N(n\text{-}C_3H_7)_2$	0,06 *n* NaOH	515	3,00
XXVIII	Pyrrolidino	0,06 *n* NaOH	515	2,07
XXX	OH	0,03 *n* NaOH	512	0,95
XXIX	OCH_3	0,20 *n* NaOH	420	0,79
	Luminol	0,03 *n* NaOH	430	1,00
	8-Dimethylamino-napthalin-2,3-dicarbon-säure-hydrazid	0,1 *n* NaOH	504	1,50

* Konzentration: $1 \cdot 10^{-3}$ Mol/l; H_2O_2-Konzentration: $1,8 \cdot 10^{-2}$ Mol/l; Hämin-Konzentration: $1 \cdot 10^{-6}$ Mol/l

Wie ersichtlich, ist das 7-Di-*n*-propylamino-naphthalindicarbonsäure-1,2-hydrazid etwa dreimal so stark chemilumineszenzfähig wie das Luminol und damit die bisher wirksamste Substanz der ganzen Hydrazidreihe.

Es ist dabei zu berücksichtigen, daß diese Vergleichswerte gewisse Unsicherheiten enthalten, denn sie stellen keine absolute Quantenausbeuten dar. Zur Ermittlung der letzteren würde es notwendig sein, nicht nur die auf die Empfindlichkeit des verwandten Photomultipliers korrigierten Intensitäts-Zeitkurven zu ermitteln, sondern auch noch zu berücksichtigen, daß die jeweilige Emission ja keine scharfe Linie, sondern eine relativ breite Bande mit dem Maximum bei 515 nm usw. darstellt – es müßte also der Raum unter der Kurvenfläche vermessen werden, die durch die Intensität, die Wellenlängenverteilung der Emission und die Zeit bestimmt wird. Dagegen sind die in Tab. 5 enthaltenen Vergleichswerte nur insofern Näherungswerte, als nur die I/t-Kurve bei der

Wellenlänge des Maximums der Emission ausgewertet wurde. Es ist jedoch anzunehmen, daß keine wesentlichen Fehler bei diesem Vergleichsverfahren auftreten.

Die in den Abb. 4 bis Abb. 7 dargestellten Abhängigkeiten der Chemilumineszenz der verschiedenen Naphthalinderivate von der Eigenkonzentration des Hydrazids, der Alkalinität usw. sind mit der in [1], Abb. 6, dargestellten einfacheren Apparatur ermittelt, da ja hier jeweils eine bestimmte Substanz unter verschiedenen Milieubedingungen zur Chemilumineszenz gebracht wurde, wobei sich die spektrale Verteilung der Emission nicht änderte.

Die Apparatur wurde insofern verbessert, als zur besseren Reproduzierbarkeit der Werte eine durch Federdruck betätigte Kolbenpipette an Stelle der früheren von Hand betätigten zum Einspritzen des Wasserstoffperoxyds verwendet wurde.

In Tab. 4 ist auch 8-Dimethylamino-naphthalin-2,3-dicarbonsäure-hydrazid XXXII aufgeführt. Diese Verbindung wurde zur Überprüfung der auf S. 5 ausgeführten Arbeitshypothese über die 7-Dialkylamino-naphthalin-1,2-dicarbonsäure-Derivate als »vinyloge« 3-Dialkylamino-phthalsäure-hydrazide mit untersucht. Wendet man nämlich auf die Verbindung XXXII analoge Gedankengänge an wie bei den 7-Dialkylamino-Deri-

vaten, so ergibt sich: die 8-Dialkylamino-naphthalin-2,3-dicarbonsäure-Derivate sind »Vinyloge« der 4-Dialkylamino-phthalhydrazide (s. oben). Damit sollten sie – sterische Hinderungseffekte fallen hier weg – schwächer chemilumineszieren als die 7-Dialkylamino-1,2-dicarbonsäure-Derivate – wie eben 4-Amino-phthalhydrazid – als 4-substituiertes Phthalhydrazid – um eine Größenordnung schwächer leuchtet als Luminol. Freilich war von vornherein nicht zu erwarten, daß die 7-Dialkylamino-Derivate vom Typ V etwa zehnmal so stark leuchten würden wie die 8-Dialkylamino-Derivate vom Typ XXXII – denn das Vinylogieprinzip ist mehr eine qualitative als eine quantitative Regel.

Wie aus Tab. 4 ersichtlich, leuchtet XXXII merklich schwächer als XXII – jedoch heller als Luminol. Auch hier ist also der günstige Effekt der Dialkylaminogruppe als Substituent festzustellen: CROSS und DREW [13] hatten 8-Amino-naphthalin-2,3-dicarbonsäurehydrazid bereits dargestellt und gefunden, daß es zwar »hell«, jedoch bei weitem nicht so stark leuchte wie Luminol. Wir fanden, daß der Unterschied zwischen 8-Amino- und 8-Dimethylamino-naphthalin-1,2-dicarbonsäure-hydrazid mehr als eine Größenordnung betrug. Leider ist die zur Herstellung von XXXII benötigte 8-Aminonaphthalin-2,3-dicarbonsäure [14] ziemlich schwer zugänglich, da insbesondere die Reduktion der 8-Nitro-naphthalin-2,3-dicarbonsäure schlechte Ausbeuten liefert. Deshalb war es bisher nicht möglich, durch die entsprechenden Versuchsreihen das optimale Chemilumineszenzmilieu zu ermitteln.

Daß im übrigen die hier skizzierte Betrachtungsweise solcher Naphthalinderivate, die an dem einen Ring elektronenanziehende, an dem anderen Ring elektronenabgebende Substituenten haben, als Quasi-β-Vinylamino-benzolderivate auch in anderer Hinsicht richtig zu sein scheint, beweist die Tatsache, daß sowohl 7-Amino-naphthalin-1,2- und 8-Amino-naphthalin-2,3-dicarbonsäure als auch deren Hydrazide auch im kristallinen Zustand bei längerem Stehen bei Raumtemperatur in dunkelbraune Produkte übergehen.

Dies spricht für einen en-aminartigen Charakter dieser Aminosäuren.

III. 5- und 6-substituierte Naphthalindicarbonsäure-1,2-hydrazide

1. Mögliche Voraussagen über den Einfluß von Dialkylaminogruppen in verschiedenen Positionen des Naphthalin-dicarbonsäure-1,2-hydrazids auf dessen Chemilumineszenz

Im Hinblick darauf, daß sich das Grundsystem des Naphthalin-dicarbonsäure-1,2-hydrazids dem 2,3-Isomeren überlegen gezeigt hatte und ferner darauf, daß das hier skizzierte Quasi-Vinylogieprinzip noch an anderen Naphthalin-dicarbonsäure-1,2-Derivaten überprüft werden mußte, wurden folgende Verbindungstypen für weitere Untersuchungen in Betracht gezogen:

Wenn die bisher auf Grund der experimentellen Ergebnisse an Phthalsäure und Napthalin-dicarbonsäure-hydraziden aufgestellten Regeln richtig sind, so sollte man folgendes erwarten:

A) 8-Dialkylamino-naphthalin-1,2-dicarbonsäurehydrazide (A) sollten als sterisch resonanzbehinderte Verbindungen nur eine geringe Chemilumineszenz ergeben. Daher wurden Versuche zur Synthese dieser Hydrazide zunächst zurückgestellt; sie sind zur Zeit im Gange.

B) 5-Dialkylamino-naphthalin-dicarbonsäure-hydrazide vom Typ B könnten bezüglich ihrer Chemilumineszenzfähigkeit etwa den 7-Dialkylamino-Isomeren vom Typ V vergleichbar sein, unter Umständen sogar etwas stärker leuchten, weil das »Vinylamin« (in der Formel B (siehe oben) stärker ausgezeichnet) ein längeres konjugiertes System umfaßt als bei den 7-Isomeren. Unter Umständen sollte sich dies in einem bathochromen Effekt erweisen, d. h. hier einer Verschiebung der Emissionsfarbe von grün nach gelb.

C) Die 6-Dialkylamino-naphthalindicarbonsäure-1,2-hydrazide vom Typ C sind nach der dargelegten Hypothese keine vinylogen 3-Dialkylamino-phthalhydrazide, sondern allenfalls vinyloge 4-Dialkylamino-phthalhydrazide und sollten dementsprechend weniger chemiluminszieren als die 7- oder die 5-Isomeren. Hinzu kommt hier jedoch noch ein weiterer Effekt, der wahrscheinlich auf die Chemilumineszenzfähigkeit vermindernd einwirkt: es ist zu erwarten, daß bei diesen Verbindungen eine starke Wechselwirkung zwischen der Dialkylaminogruppe und der einen Hydrazid-CO-Gruppe im Sinne eines mesomeren Effektes stattfindet:

Damit sind beide Ringe des Naphthalins entaromatisiert und in eine peri-chinoide Form überführt.

D) Als einzige, nicht im Hinblick auf das Quasi-Vinylogieprinzip, wohl aber hinsichtlich der Frage des Einflusses von elektronenspendenden Substituenten in sterisch nicht behinderter, dem Hydrazidsystem naher Position interessante Isomere bleiben die 4-Dialkylamino-naphthalin-1,2-dicarbonsäure-hydrazide (Typ D).

E) Der Typ E ist wieder, wie A, sterisch mesomeriebehindert. Bevor auf die bisher vorliegenden Ergebnisse hinsichtlich der Chemilumineszenz der unter A)–E) aufgeführten Verbindungstypen eingegangen wird, sei nochmals festgestellt: wie bereits früher ausgeführt ([1], S. 28), ist zur Zeit keine eindeutige Aussage möglich, in welcher Weise Substituenten die Chemilumineszenz beeinflussen – ob sie im wesentlichen nur die Fluoreszenzfähigkeit des Reaktionsproduktes – hier also der substituierten Naphthalin-1,2-dicarbonsäuren – verstärken oder schwächen; ob sie in den Chemismus der Chemilumineszenz eingreifen, oder ob sie schließlich stabilisierende oder labilisierende Einflüsse auf die im oxydativen alkalischen Milieu für die Chemilumineszenz wesentlichen Moleküle: Ausgangsstoffe, Zwischenprodukte, Endprodukte – haben.

Da die hier berichteten Untersuchungen zuerst unter dem Gesichtspunkt durchgeführt wurden, Konstitutionseinflüsse auf die Chemilumineszenz festzustellen, erschien es nicht primär erforderlich, wenn auch auf jeden Fall in späteren Untersuchungen zu klären, wie sich die eben dargelegten Überlegungen über die isomeren Dialkylamino-naphthalin-1,2-dicarbonsäure-hydrazide auf die Fluoreszenz der Reaktionsprodukte allein auswirken. Das ist insofern auch nicht sogleich notwendig, weil man annehmen darf – dies besonders im Hinblick darauf, daß die Fluoreszenz der Hydrazide und der entsprechenden Dicarbonsäure-anionen recht ähnlich ist (vgl. z. B. [15]) – daß die Substituenteneinflüsse auf die Fluoreszenz bei beiden Verbindungstypen nahezu gleich sind. Andererseits erscheint es nicht ausreichend, nur die Fluoreszenz der entsprechenden substituierten Naphthalin-dicarbonsäuren-(1,2) in alkalischer Lösung qualitativ und quantitativ zu untersuchen und dann direkt auf die Fähigkeit der entsprechenden Hydrazide zur Chemilumineszenz zu schließen, weil eben das Verhalten der Hydrazide bei der Oxydation sicher auch eine Rolle spielt, ferner vor allem auch der Substituenteneinfluß auf den Reaktionsmechanismus noch unbekannt ist.
Ein interessanter Gedanke ist in diesem Zusammenhang, Wege zu suchen, wie die substituierten Naphthalindicarbonsäure-anionen auf einem anderen chemischen Wege als dem ihrer Bildung durch Oxydation der entsprechenden Hydrazide die zum Leuchten nötige Anregungsenergie erhalten können. Khan und Kasha [16] legten kürzlich eine allgemeine physikalische Theorie der Chemilumineszenz vor: Danach ist bei allen Oxydationsreaktionen das primär chemilumineszierende Molekül angeregter Sauerstoff $O_2(^1\Delta g)$ bzw. $O_2(^1\Sigma g^+)$, der im Sinne einer sensibilisierten Chemilumineszenz seine Anregungsenergie auf ein im Milieu anwesendes fluoreszenzfähiges Molekül überträgt. Khan und Kasha nehmen an, daß im Falle der Luminol- und verwandten Chemilumineszenzreaktionen das Reaktionsprodukt der – nach ihrer Ansicht nicht chemilumineszenten – Oxydation des Hydrazids, eben das substituierte Phthalsäuredianion, die Anregungsenergie des Sauerstoffs übernimmt.

Es sei erwähnt, daß Versuche, 4-Diäthylamino-phthalsäure in alkalischer Lösung durch angeregten Sauerstoff (erzeugt durch häminkatalysierte Zersetzung von H_2O_2 oder durch Umsetzung von H_2O_2 mit Natriumhypochlorit [17] zum Leuchten zu bringen, bisher erfolglos verliefen.

2. 5-substituierte Naphtalindicarbonsäure-1,2-hydrazide

Als Ausgangskomponente wurde das von DAUBEN und TANABE [18] erstmals synthetisierte 5-Methoxy-naphthalindicarbonsäure-1,2-anhydrid XXXIII analog der Darstellung von XXII (vgl. S. 10) verwendet.

Schema der Darstellung von 5-Methoxy-naphthalin-1,2-dicarbonsäureanhydrid nach DAUBEN *und* TANABE [18].

Nur die erste Stufe ist etwas aufwendiger als die erste Stufe der Fieser-Hershberg-Synthese von XIX (S. 10).
Die Cyclisierung zum Dihydro-naphthalinderivat gelang erst nach einigen Abwandlungen in befriedigender Weise. Daher konnte die weitere Umwandlung des 5-Methoxy-Derivates XXXIII in 5-Dimethylamino-naphthalindicarbonsäure-1,2-hydrazid XXXV erst kurz vor Anfertigung dieses Berichtes zu Ende geführt werden; dessen Chemilumineszenzuntersuchung ist noch in den Anfängen. Bemerkenswert ist bisher folgendes Ergebnis:
das 5-Methoxy-naphthalin-dicarbonsäure-1,2-hydrazid XXXIV ergibt bei der hämin-katalysierten Oxydation in wäßrig-alkalischer Lösung unter den üblichen Bedingungen, die auch für die isomeren 6- und 7-Methoxy-Derivate XXII und XXXVIa angewandt wurden, eine intensiv hellblaue Chemilumineszenz mit $\lambda_{max} = 450$ nm, also im Bereich des Luminols. Das 7-Methoxy-Derivat hat, wie in Tab. 2, S. 11 angegeben, $\lambda_{max} = 415$ bis 420 nm. XXXIV zeigt also die erwartete Verschiebung des Chemilumineszenz-Emissionsmaximums nach längeren Wellen, die auf Grund des längeren Konjugationssystems anzunehmen war (vgl. S. 21).
Die quantitativen Chemilumineszenz-Messungen, die am 5-Methoxy-naphthalindicarbonsäure-1,2-hydrazid XXXIV bisher vorgenommen wurden, sind noch nicht vollständig. Abb. 8 zeigt z. B. die Abhängigkeit der Lichtemission von XXXIV und zum Vergleich XXIX von der Alkalikonzentration, wobei die Konzentrationen an Hydrazid jeweils $0,5 \cdot 10^{-3}$ Mol/l (also außerhalb des Selbstlöschbereiches), die von Hämin und H_2O_2 in der auch sonst benutzten Größe waren ($0,8 \cdot 10^{-9}$ bzw. $1,77 \cdot 10^{-2}$ Mol/l).

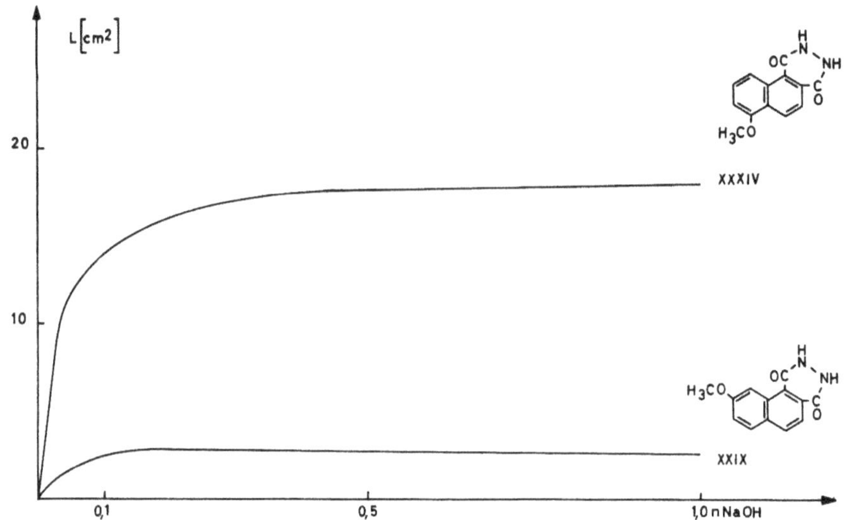

Abb. 8 Einfluß der Alkalikonzentration auf die Chemilumineszenz von XXIX und XXXIV [7] (Hydrazidkonzentration: $0,5 \cdot 10^{-3}$ Mol/l; Hämin: $0,8 \cdot 10^{-6}$ Mol/l; H_2O_2: $1,77 \cdot 10^{-2}$ Mol/l)

Wie ersichtlich, ist die Lichtausbeute beim 5-Isomeren beträchtlich größer als die vom 7-Isomeren.

Da nun die Methoxygruppe ein schwächerer Donator ist als die Dimethylaminogruppe (zum Vergleich können die σ-Werte der Hammett-Gleichung [19] herangezogen werden), sollte man erwarten, daß beim Ersatz der 5-Methoxy- durch die 5-Dimethylamino- oder andere 5-Dialkylaminogruppen auch gegenüber den 7-Dialkylamino-naphthalin-1,2-dicarbonsäure-hydraziden vom Typ V erhebliche Steigerungen der Chemilumineszenz zu beobachten wären. Die bisherigen qualitativen Versuche zeigen nun, daß 5-Dimethyl-amino-naphthalin-1,2-dicarbonsäurehydrazid XXXV eine leuchtend goldgelb fluoreszierende Substanz ist. Quantitative Ergebnisse liegen noch nicht vor.

3. 6-substituierte Naphthalindicarbonsäure-1,2-hydrazide (Typ C)

Diese Verbindungen vom Typ XXXVII sind analog den isomeren 7- und 5-substituierten Naphthalindicarbonsäure-1,2-hydraziden aus dem entsprechenden 6-Methoxy-Derivat XXXVI zugänglich (vgl. S. 10, 23). Auch hier wurden erheblich bessere Ausbeuten erzielt, wenn die XX (vgl. S. 10) entsprechende Ketosäure nicht nach CLEMMEN-SEN [6], sondern nach HUANG-MINLON reduziert wurde.

Die folgenden Abbildungen zeigen den Einfluß der Eigenkonzentration des Hydrazids (Abb. 9) und der Alkalikonzentration (Abb. 10) auf die Chemilumineszenz-Lichtausbeute von 6-Dimethylamino-naphthalindicarbonsäure-1,2-hydrazid (XXXVII).

Man erkennt: bezüglich der Einflüsse der Hydrazid- und Alkalikonzentration sind keine nennenswerten Unterschiede der 6-Dialkylamino- zu den isomeren 7- und 5-Dialkyl-

24

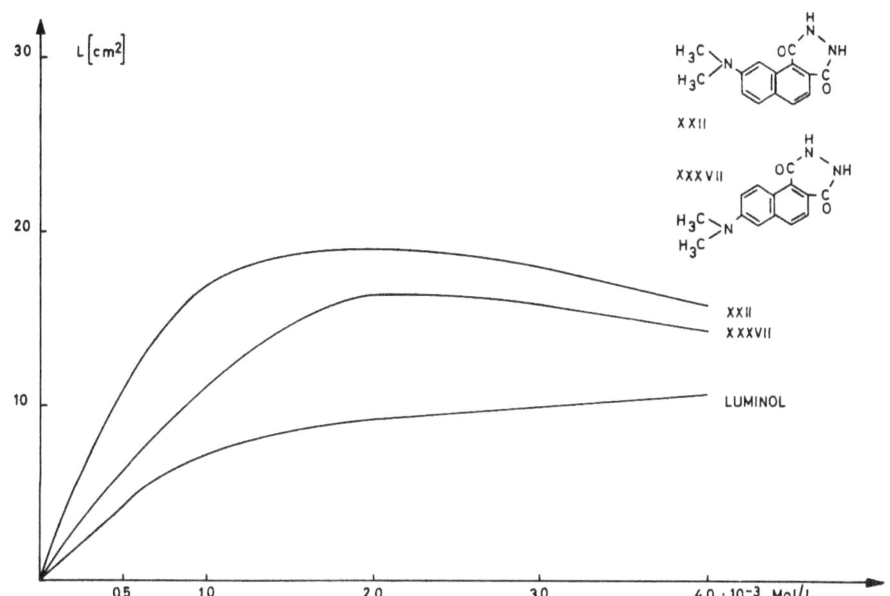

Abb. 9 Einfluß der Hydrazidkonzentration auf die Chemilumineszenz von XXXVII und von XXII

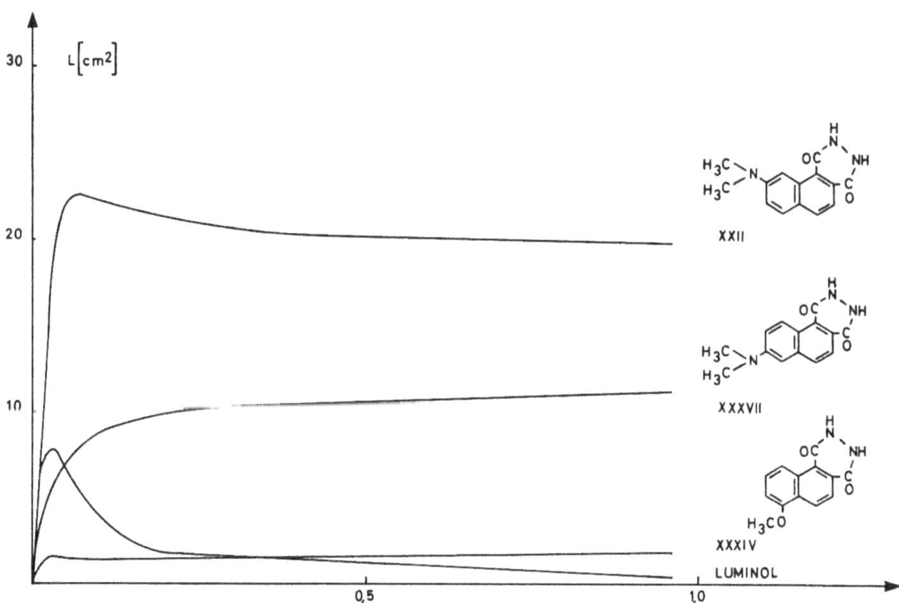

Abb. 10 Einfluß der Alkalikonzentration auf die Chemilumineszenz von XXXVII und von XXII

amino-naphthalindicarbonsäure-1,2-hydraziden festzustellen, wiederum aber sehr deutlich zum Luminol. Auch Hämin- und H_2O_2-Konzentration wirken sich auf alle Hydrazide ziemlich gleichartig aus.

Wie die Abb. 9 und 10 schließlich zeigen, ist wie vermutet (vgl. S. 21) die Lichtausbeute der Chemilumineszenz des 6-Dimethylamino-naphthalindicarbonsäure-1,2-hydrazids XXXVII merklich geringer als die des isomeren 7-Dimethylamino-Derivates, wenn auch – im optimalen Alkalikonzentrationsbereich – etwas höher als die von Luminol.

25

Die auf S. 21 dargelegte Hypothese über den Einfluß der »Entaromatisierung« der beiden Ringe des Naphthalins scheint damit bestätigt.

Abschließend kann hierzu noch festgestellt werden: die Wellenlänge des Emissionsmaximums vom 6-Dimethylamino-naphthalindicarbonsäure-1,2-hydrazid ist 486 nm. Hingegen liegt das Maximum der Fluoreszenz des Hydrazids bei ca. 510 nm. Auch hier ist also nicht das Hydrazid die leuchtende Spezies, sondern offenbar das entsprechende Dicarbonsäure-dianion, denn die Fluoreszenz der Reaktionsprodukte stimmt mit der Chemilumineszenz überein.

IV. 4'-Dialkylamino-stilbendicarbonsäure-2,3-hydrazide

Während die eben beschriebenen Naphthalin-1,2-dicarbonsäure-Derivate nur näherungsweise als vinyloge 3-Dialkylamino-phthalsäure-hydrazide angesehen werden können, ist das Vinylogieprinzip offenkundiger bei den 4'-Dialkylamino-stilbendicarbonsäure-2,3-hydraziden vom Typ XXXVIII gegeben: bei diesen Verbindungen ist eine Vinyl-

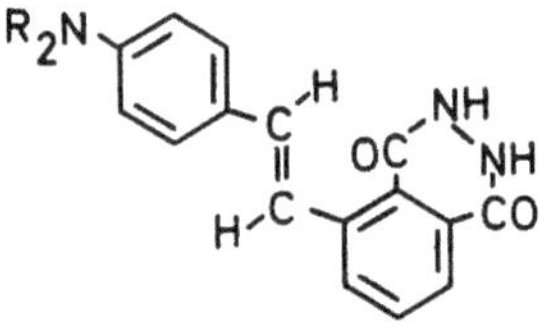

$$R_2N\text{—}\boxed{}\text{—}CH=CH\text{—}\boxed{}\quad\text{XXXVIII}$$

gruppe direkt an der 3-Stellung des Phthalhydrazid-Systems gebunden; allerdings kann die Dialkylaminogruppe in der 4'-Stellung ihren Elektronendonatoreffekt auch nur über einen Benzolkern hinweg auf diese Vinylgruppe und damit auf die 3-Stellung des Phthalhydrazidsystems ausüben. Damit ist aber dieser Effekt erneut geschwächt dadurch, daß eine Entaromatisierung des Benzolkerns notwendig ist, an dem die Dialkylaminogruppe sitzt (vgl. [20]).

Andererseits boten sich Stilbenderivate deshalb ohnehin für die Chemilumineszenzuntersuchung an, weil sie im allgemeinen mehr oder minder stark fluoreszieren: dies aber ist eine der wesentlichen Voraussetzungen für das Zustandekommen auch von Chemilumineszenz, und zwar deshalb, weil 1) nur dann starke Chemilumineszenz auftritt, wenn die bei der energieliefernden chemischen Reaktion ein fluoreszenzfähiges Molekül gebildet wird bzw. die Anregungsenergie aufnehmen kann (vgl. [5]), und 2) die Fluoreszenz von cyclischen Hydraziden ja in einem sehr ähnlichen Wellenlängenbereich liegt wie die des betreffenden Carbonsäure-dianions, welches als Reaktionsprodukt gebildet wird [15, 21].

Es sei darauf hingewiesen, daß die Stilbenderivate vom Typ XXXVIII nur dann eine planare Anordnung einnehmen können, wenn die der Formel oben bereits zugrunde gelegten trans-Isomeren vorliegen: die entsprechenden cis-Isomeren sind wieder sterisch behindert und können daher eine volle Wechselwirkung zwischen der Dialkylamino-gruppe und dem Hydrazidring nicht zeigen.

Die als Ausgangsprodukte für die Verbindungen vom Typ XXXVIII benötigten Diester XXXVIIIa wurden relativ glatt durch eine Wittig-Reaktion zwischen p-Dialkylamino-benzaldehyden und den Triphenyl-phosphoniumsalzen in alkalischem Milieu (Natriummethylat als Base) erhalten, die man durch Umsetzung von 3-(Brommethyl)-phthalsäure-estern mit Triphenylphosphin darstellen konnte [22].

Wie das IR-Spektrum der so dargestellten Stilbenester zeigte, liegen diese in reiner trans-Form vor. Die aus den Estern mit Hydrazin dargestellten Hydrazide XXXVIII-XL zeigten bei der häminkatalysierten Oxydation mit H_2O_2 in alkalischer Lösung nur eine relativ schwache Chemilumineszenz, wenn diese auch deutlich stärker war als die von 3-Dialkylamino-phthalsäure-hydraziden. Tab. 5 zeigt die Maxima der Chemilumineszenz-Emission und weiter, daß auch hier nicht die Hydrazide, sondern die Reaktionsprodukte der Chemilumineszenz offenbar die emittierende Spezies sind.

Tab. 5   Chemilumineszenz von Stilben-2,3-dicarbonsäure-hydraziden

R	Chemi-lumineszenz	Fluoreszenz A	Fluoreszenz B
		λ_{max} (nm)	
$(CH_3)_2N$ (XXXVIII)	483	542	499
$(C_2H_5)_2N$ (XXXIX)	502	548	502
$H_2C(CH_2-CH_2)_2N$ (XL)	504	550	504

Lösungsmittel: DMSO/0,1 N-wäßr. NaOH (40 : 60)
A = Fluoreszenz des Hydrazids in vorstehendem Lösungsmittel.
B = Fluoreszenz nach Abklingen der durch Hämin/H_2O_2 bewirkten Chemilumineszenz

Das Dimethylsulfoxyd (DMSO) hat bei diesen Stilbenderivaten einen auffallenden chemilumineszenzsteigernden Effekt, wenn man es in Mengen bis zu etwa 40 Vol.-% zur wäßrig-alkalischen Lösung zusetzt (Abb. 11). Dies ist vor allem bemerkenswert deshalb, weil beim Luminol sowohl als auch bei den 7-Dialkylamino-naphthalindicarbon-säure-1,2-hydraziden bereits die Zugabe von sehr geringen Mengen DMSO zum wäßrig-alkalischen Reaktionsmilieu eine sehr starke Abnahme der Chemilumineszenz zur Folge hatte.
WHITE hatte umgekehrt hierzu gerade beobachtet [23], daß bei der nicht-häminkataly-sierten Oxydation des Luminols nur durch Base und Sauerstoff DMSO ein dem Wasser weit überlegenes Lösungsmittel darstellt.

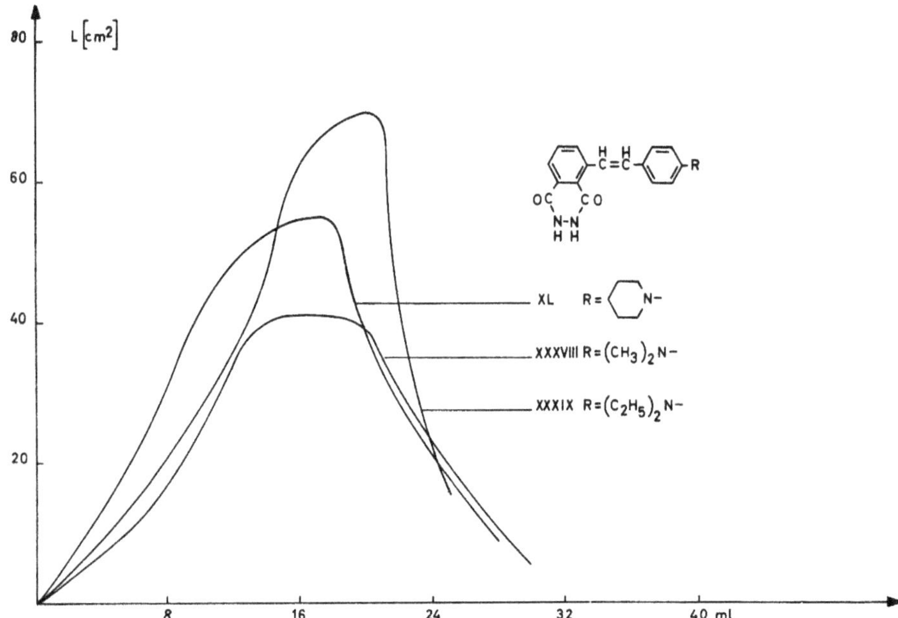

Abb. 11 DMSO-Einfluß auf die Chemilumineszenz der
4'-Dialkylamino-stilbendicarbonsäure-2,3-hydrazide XXXVIII–XL

Wie dieser »DMSO-Effekt« bei den Stilbenderivaten zu erklären ist, soll in einer gesonderten Untersuchung festgestellt werden. Der Unterschied zwischen den Stilbenderivaten und Luminol bzw. den hier beschriebenen Naphthalinderivaten ist zunächst der, daß die Stilbenderivate eine mehr stäbchenförmige Molekülgestalt haben. Somit könnte die Viskosität der Lösungen eine gewisse Rolle auch bei der Chemilumineszenz spielen (vgl. [24]). Aber DMSO ist gar nicht viel viskoser als Wasser. Also wird die Dipolnatur des DMSO einerseits und die der Stilbenderivate andererseits in Betracht zu ziehen sein. Der Effekt ist wirklich groß: man konnte dies besonders klar beim 4'-Diäthylamino-Derivat (XXXIX, R = C₂H₅) feststellen, denn dieses ist, im Gegensatz zu den anderen untersuchten Stilbenderivaten, bereits in wäßrigem Alkali allein löslich. Die Erhöhung der Chemilumineszenz-Lichtausbeute betrug bei dem Diäthylamino-Derivat in Gegenwart von ca. 40% DMSO etwa das 10^3fache von der in wäßriger Lösung allein. Als maximale Lichtausbeute wurde bei den Stilbenhydraziden etwa 70% von der des Luminols beobachtet.

Zusammenfassung

1. 7-Dialkylamino-naphthalin-dicarbonsäure-1,2-hydrazide, die mit gewissen Vorbehalten als vinyloge 3-Dialkylamino-phthalsäure-hydrazide aufgefaßt werden können, übertreffen unter optimalen Reaktionsbedingungen bei der hämin-katalysierten alkalischen Oxydation mit H_2O_2 die Chemilumineszenz des Luminols um das 2,3- bis 3fache, wobei Luminol ebenfalls unter optimalen Versuchsbedingungen gemessen wurde.

28

Wie die 4-Dialkylamino-phthalsäure-hydrazide, so sind auch die 7-Dialkylamino-naphthalindicarbonsäure-1,2-hydrazide hinsichtlich der Lichtausbeute ihrer Chemilumineszenz weniger alkaliempfindlich als Luminol.

2. Auch 6-Dialkylamino-naphthalin-dicarbonsäure-1,2-hydrazide leuchten stärker als Luminol, jedoch nicht so stark wie die unter 1. beschriebenen Verbindungen. 5-Methoxy-naphthalin-dicarbonsäure-1,2-hydrazid übertrifft hinsichtlich seiner Chemilumineszenzfähigkeit sowohl das entsprechende 6- als auch das 7-Isomere um ½ Größenordnung.

3. trans-4'-Dialkylamino-stilbendicarbonsäure-2,3-hydrazide erreichen unter optimalen Bedingungen etwa 70% der Chemilumineszenzfähigkeit des Luminols. Bei den Stilbenderivaten tritt eine erhebliche Steigerung der Lichtausbeute durch Zusatz von etwa 40% Dimethylsulfoxyd zur wäßrig-alkalischen Oxydationslösung auf, während beim Luminol, bei den 4-Dialkylaminophthalsäure- und den 7-Dialkylamino-naphthalin-dicarbonsäure-1,2-hydraziden bereits geringe Zusätze von DMSO stark löschend wirken.

Der Bericht wurde am 3. März 1967 abgeschlossen.

Literaturverzeichnis

[1] GUNDERMANN, K.-D., und Mitarbeiter, Forschungsberichte des Landes Nordrhein-Westfalen, Nr. 1691, Westdeutscher Verlag, Köln und Opladen 1966; vgl. dort S. 43.
[2] DREW, H.D.K., und R.F. GARWOOD, J. chem. Soc. (London) **1937**, 1841.
[3] BRUCKNER, V., Ber. dtsch. chem. Ges. **75**, 2034 (1942).
[4] RAUHUT, M.M., A.M. SEMSEL und B.G. ROBERTS, J. org. Chemistry **31**, 2431 (1966).
[5] WHITE, E.H., und M.M. BURSEY, J. org. Chemistry **31**, 1912 (1966).
[6] FIESER, L.F., und E.B. HERSHBERG, J. Amer. chem. Soc. **58**, 2314 (1936).
[7] LATHIA, D., Diplomarb., TH Clausthal 1966.
[8] GUNDERMANN, K.-D., W. HORSTMANN und G. BERGMANN, Liebigs Ann. Chem. **684**, 127 (1965).
[9] WHITE, E.H., und M.M. BURSEY, J. Amer. chem. Soc. **86**, 941 (1964).
[10] BERGMANN, G., Erdöl-Kohle-Erdgas-Petroch. **15**, 612 (1962), (C. A. **58**, 2295 (1963).
[11] SELIGER, H.H., in: MC ELROY, W.D., und B. GLASS, A Symposium on Light and Life, The Johns Hopkins Press, Baltimore 1961, S. 200.
[12] SELIGER, H.H., und J. LEE, Photochem. Photobiol. **4**, 1015 (1965).
[13] CROSS, B.E., und H.D.K. DREW, J. chem. Soc. (London) **1949**, 1532.
[14] BAKER, W., J. chem. Soc. (London) **1934**, 1413.
[15] STAUFF, J., und G. HARTMANN, Ber. Bunsengesellschaft f. Phys. Chemie **69**, 145 (1965).
[16] KHAN, A.V., und M. KASHA, J. Amer. chem. Soc. **88**, 1574 (1966).
[17] STAUFF, J., und F. LOHMANN, Z. physik. Chem. N. F. **40**, 123 (1964).
[18] DAUBEN, G., und M. TANABE, J. Amer. chem. Soc. **71**, 2877 (1949).
[19] Vgl. STAAB, H.A., Einführung in die theoretische organische Chemie, 4. Auflage, Verlag Chemie Weinheim, 1964, S. 584ff.
[20] WIZINGER, R., Chimia **15**, 89 (1961).
[21] SPRUIT – VAN DER BURG, A., Recueil Trav. chim. Pays-Bas **69**, 1525 (1950).
[22] WELLHAUSEN, G., Diplomarb., Univ. Münster 1964.
[23] WHITE, E.H., in: MC ELROY und GLASS (vgl. Zit. (11), S. 183.
[24] WEBER, K., Ber. dtsch. chem. Ges. **75**, 565 (1942).